手绘星球
全景图鉴

沙漠里面的秘密

[英]安妮塔·加纳利 [英]凯特·佩蒂◎著 [英]杰克·伍德◎绘 杨文娟◎译

哈尔滨出版社
HARBIN PUBLISHING HOUSE

黑版贸审字 08-2020-037 号

图书在版编目（CIP）数据

沙漠里面的秘密 / (英) 安妮塔·加纳利, (英) 凯
特·佩蒂著；(英) 杰克·伍德绘；杨文娟译. — 哈尔
滨 : 哈尔滨出版社, 2020.11
（手绘星球全景图鉴）
ISBN 978-7-5484-5439-7

Ⅰ . ①沙… Ⅱ . ①安… ②凯… ③杰… ④杨… Ⅲ .
①沙漠 – 儿童读物 Ⅳ . ①P941.73-49

中国版本图书馆CIP数据核字(2020)第141869号

Around and About Deserts
First published by Aladdin Books Ltd in 1993
Text copyright © Anita Ganeri, 1993 and illustrated copyright © Jakki Wood, 1993
Copyright©Aladdin Books Ltd., 1993
An Aladdin Book
Designed and directed by Aladdin Books Ltd.
PO Box 53987, London SW15 2SF, England
All rights reserved.
本书中文简体版权归属于北京童立方文化品牌管理有限公司。

书　　名：手绘星球全景图鉴. 沙漠里面的秘密
　　　　　SHOUHUI XINGQIU QUANJING TUJIAN. SHAMO LIMIAN DE MIMI

作　　者：[英]安妮塔·加纳利　[英]凯特·佩蒂 著　[英]杰克·伍德 绘　杨文娟 译
责任编辑：杨浥新　赵　芳　　　责任审校：李　战
特约编辑：李静怡　　　　　　　美术设计：官　兰

出版发行：哈尔滨出版社（Harbin Publishing House）
社　　址：哈尔滨市松北区世坤路738号9号楼　　邮编：150028
经　　销：全国新华书店
印　　刷：深圳市彩美印刷有限公司
网　　址：www.hrbcbs.com　　　www.mifengniao.com
E-mail：hrbcbs@yeah.net
编辑版权热线：（0451）87900271　87900272
销售热线：（0451）87900202　87900203

开　　本：889mm×1194mm　　1/16　　印张：14　　字数：70千字
版　　次：2020年11月第1版
印　　次：2020年11月第1次印刷
书　　号：ISBN 978-7-5484-5439-7
定　　价：124.00元（全7册）

凡购本社图书发现印装错误，请与本社印制部联系调换。
服务热线：（0451）87900278

目 录

干燥炎热

一个阳光明媚的夏日，哈里和狗狗拉夫待在花园里。天气很热，他们俩都小口吸着清凉可口的饮料，脑海里想象着地球上最热最干燥的地方——沙漠。哈里随身带着他那张大大的地图，他们正好可以看看沙漠在什么位置。

哪些部分是沙漠呢？

地图上像沙子一样
的黄色部分。

沙漠覆盖了地球约七分之一的面积。

你能在哈里和拉夫的地图上找到它们吗?

沙漠之旅

哈里和拉夫乘坐热气球飞往非洲的撒哈拉沙漠，它是世界上最大的沙漠。他们预备了遮阳帽和充足的水。沙漠雨量稀少，气候干燥。有时连续几年都不下雨，有时又骤降暴雨。

撒哈拉沙漠有多大？

巨大无比！它比整个澳大利亚都大。

撒哈拉沙漠

赤道

非洲

澳大利亚轮廓图

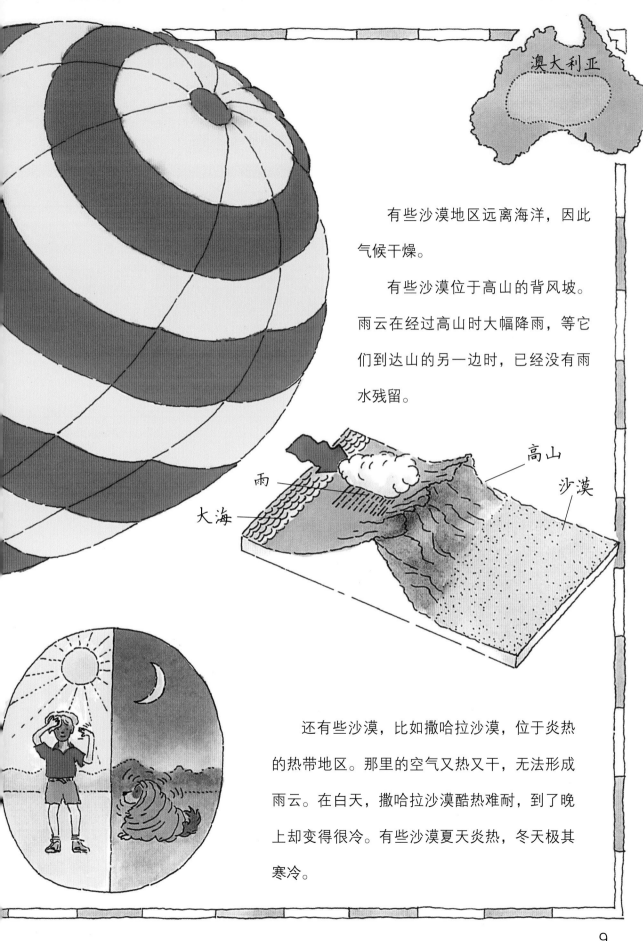

澳大利亚

有些沙漠地区远离海洋，因此气候干燥。

有些沙漠位于高山的背风坡。雨云在经过高山时大幅降雨，等它们到达山的另一边时，已经没有雨水残留。

高山

沙漠

雨

大海

还有些沙漠，比如撒哈拉沙漠，位于炎热的热带地区。那里的空气又热又干，无法形成雨云。在白天，撒哈拉沙漠酷热难耐，到了晚上却变得很冷。有些沙漠夏天炎热，冬天极其寒冷。

沙　海

哈里和拉夫从撒哈拉沙漠上空飞过，眼前只有连绵不绝的沙海。

在有些地方，风将沙子堆积，形成巨大的沙堆，被称作沙丘。风不断把沙丘一侧的沙子往上吹，顶部的沙子顺着另一侧滑下来，使得沙丘向前移动。有时，沙丘会恰巧经过沙漠中的村庄和绿洲。

风把沙子吹成各种各样
的形状。有些沙丘是弧形的。

还有些是 S 形或者星形的。

那里沙子真多啊。
我们可以堆一个最
大的沙堡。

不过有些沙漠没有
沙子。它们由岩石
构成，或是布满像
砾石那样的小石头。

你知道吗？撒哈拉沙漠中的有些沙丘有 40 所房子叠起来那么高。

11

流水地貌

　　哈里和拉夫寻找着降落地点。他们飞过了沙漠中一段岩质地面,注意到岩石上有长长的沟槽或裂缝,这被称为旱谷。它们长得有些像河谷,可河水在哪儿呢?

我们最好不要在这里降落。如果下起雨来，我只会狗刨。

我们会被雨水卷走的。

尽管沙漠现在很干燥，可有时会下起瓢泼大雨。那时，雨水裹挟着石头和砾石，沿着旱谷倾泻而下。石头刮擦岩石表面，使得旱谷变深变宽。几千年前，沙漠降雨量比现在多得多，岩石就是这样被侵蚀打磨形成旱谷的。

绿　洲

沙漠地底下也有水，一部分雨水会顺着岩石渗透到地下。绿洲则是地下水涌出地表的地方。岩石断裂，或者风沙把岩石蚀刻出一个中空的勺状，这些地形都容易形成绿洲。

你知道吗？人一天需要喝大约 2.4 升水。

那狗狗呢？

绿洲作用很大。人们到那里打水供应自己和饲养的动物，也会浇灌绿洲周围的土地，用于种植枣类和其他水果。哈里和拉夫已经准备好喝一口了。

干渴的沙漠旅行者有时会觉得他们看见了一片绿洲，可实际上并不存在。那只是高温的沙漠空气在折射阳光，就像波光粼粼的水面。这种现象被称作海市蜃楼。

骆驼骑行

哈里和拉夫把热气球留在了绿洲。骑骆驼才是穿越沙漠的最好方法，一场颠簸的骑行就要开始了！

骆驼的身体构造很适合在沙漠生存。它们可以在没有水和食物的情况下生存数周，依靠储存在驼峰中的脂肪维持生命。骆驼的眼皮是双眼皮，可以阻挡沙子进入眼睛，而且它们能关闭鼻孔来防止沙子进入鼻子。它们的脚掌宽大如盘，可以防止陷入沙中。

骆驼被称为沙漠之舟，你知道为什么吗？往后翻，你会看到一只双峰驼。

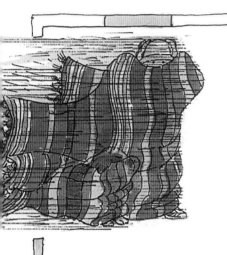

沙暴将至

突然间，风开始变得猛烈，吹起大量沙粒在沙漠中疾行。沙暴马上就要来了。沙子会扎人，哈里和拉夫拉起围巾盖住了脸。

风吹起的沙子就像一张巨大的砂纸，非常粗糙，能在几小时内把轿车或卡车表面的漆磨光。

沙暴也会侵蚀岩石。沙子吹得不高，所以会磨蚀岩石的底部而非顶部，从而形成一些奇形怪状的"石蘑菇"，一个个杆细头圆。在有些地方，卵石经过沙子抛光会变得又圆又亮。

危险的尘暴

沙暴结束了，哈里和拉夫很高兴。他们抖落了头发和衣服上的沙子。不过，他们的麻烦还没结束。风把大量尘埃吹起，遮天蔽日。灰尘比沙子轻得多，所以被吹到了高空。这次，哈里、拉夫和骆驼们得坐下躲避尘暴了。

尘暴甚至可以击落低空飞行的飞机，因为灰尘能堵塞引擎。

我真庆幸我们不在热气球里。

灰尘会让呼吸变得困难。

有时，风会把尘埃吹到数千千米以外的地方，导致远方的国家下红雨或红雪。

沙漠动物

沙尘暴终于结束了，可以松口气了！现在，哈里和拉夫可以去看看生活在沙漠中的动物们了。许多动物会在烈日炎炎的白天待在地洞里，夜间再出来寻找种子当食物，比如沙鼠。它们不需要喝水，种子里就有足够多的液体。

沙鼠必须很小心，一只耳廓狐就在附近，它喜欢吃沙鼠。那只狐狸耳朵很大，呈三角形。大耳朵可以帮助它听到沙鼠和其他小动物的动静，还可以给它的身体散热降温。

沙漠花朵

哈里和拉夫该离开撒哈拉沙漠，去探索其他沙漠了。他们选择的第一站是澳大利亚。

那是什么花？

那不是花，是鸸鹋（ér miáo）。

当他们到达时，惊讶地发现沙漠竟然被花朵覆盖。这些花很特殊，它们只在罕见的阵雨过后开花。它们的种子已在沙漠土壤中沉睡数月甚至数年，直到阵雨降临才被唤醒。种子会赶在沙漠再次变干燥前迅速发芽开花。

沙漠昆虫在花朵间授粉，这样花朵能够结出更多种子。

25

美洲沙漠

下一站是美洲沙漠。哈里和拉夫飞过奇异的平缓山脉和参差不齐的石柱。它们都是被风雨雕琢后的产物。

那只猫头鹰一定习惯那些刺了。

他们看到一些巨大的仙人掌。即使哈里踮起脚尖，也比它们矮好多。仙人掌的茎秆很粗，里面充满水分。它们的身体上还长满了尖刺，用来吓退干渴的动物。

阿拉伯沙漠

阿拉伯沙漠中没有仙人掌，不过，那里有足够多的沙子。哈里和拉夫拜访了一个贝都因人住的帐篷，在那里喝了一杯浓郁香甜的咖啡。

你在做什么，拉夫？
这里可没有骨头。

我正在挖石油。

人们在阿拉伯沙漠底下发现了大量的石油。他们把石油从地底下抽上来，再用长长的管道把石油运出沙漠。

戈壁沙漠

哈里和拉夫旅行的最后一站是戈壁沙漠，这里的冬天特别冷。人们住在温暖的圆顶帐篷——毡房里。哈里和拉夫看到了双峰驼，它们有两个驼峰和一身乱蓬蓬的长毛。

哈里用生火的细枝做了一个迷你蒙古包，把毛毡覆盖在它的顶部。你可以在堆满沙子的托盘里放一个毡房模型，还可以放一个骆驼模型，它有几个驼峰呢？

索 引